NOUVEAU

MANEGE

MÉCHANIQUE.

NOUVEAU MANEGE

MÉCHANIQUE,

*Proposé pour les Paralytiques, Rhumatismes, Goutes,
enfans qui se nouent, &c. & pour toutes les Maladies où il faut forcer la Nature à reprendre ses
fonctions d'équilibre ;* avec un Sommaire sur la
Nature du Feu, qui n'est nullement un corps
matériel à part ; *il n'est que le jeu de l'action & de
l'air fixé sur les corps pendant leur dépérissement ;*
l'Électricité au contraire, *est une Athmosphère
générale d'action immatérielle dans l'Élément
aërien,* sans entrer dans les corps. *Outre quelques
Anecdotes intéressantes à la santé ;* par M. Ch.
RABIQUEAU, *Avocat en Parlement, Ingé-
nieur - Opticien du Roi, & son Privilégié pour
toutes ses Expériences & Démonstrations Physiques
& Méchaniques.*

Omnibus utile.

Le prix est de 24 sols, avec fig.

A PARIS,

Chez {

L'AUTEUR, Parvis Notre-Dame.

CAILLEAU, Imprimeur - Libraire, rue
Saint - Severin.

DESNOS, Libraire, rue Saint-Jacques.

M. DCC. LXXVIII.

Avec Approbation & Privilége du Roi.

NOUVEAU MANEGE
MÉCHANIQUE,

*Propofé pour les Paralytiques, Rhumatifmes,
Gouttes, enfans qui fe nouent, &c.*

S I l'Électricité annoncée pour la Paralyfie, &c.
portoit avec elle le moindre effet & caufe qui
euffent trait à conftater que c'eft par elle qu'on
eft parvenu à la guérifon des malades qu'on y
a expofé ; (tel que nous voyons les heureux fuccès
des Agens employés pour les noyés, par M.
Piat, & comme l'Alkali-Fluor de M. le Sage, (*)
qui agit efficacement fur tous les maux caufés par
des acides meurtriers, des fermentations, des
vins, charbons, &c. des viperes & autres infectes,
des émanations méphitiques de certaines foffes
d'aifances & fouterrains, &c. apoplexie, &c. que
la prudence du Gouvernement a non feulement
rendu public, mais encore a étendu fes vues de
bienfaifance au point d'établir dans tous les Corps

(*) On ne manque pas d'objets frappans qui ne laiffent
aucun doute de certitude de leurs fuccès, jufques même aux
petits effets de l'air cités pages 16 & 17 fur les maux de tête
& migraine.

de Garde , des boëtes toutes garnies pour ramener promptement à la vie des hommes perdus fans ce fecours.) Nous ne nous ferions point inquiété de chercher d'autres moyens pour foulager & guérir la Paralyfie , &c. & pour fauver les malades d'une perte de tems réel, les voyant expofés de plus à fouffrir des maux fouvent inutiles , au rifque même de la vie de ces perfonnes facrifiées imprudemment à cette manœuvre ; auffi ces moyens font-ils contrariés depuis long-tems comme contraires à la vérité & aux vrais principes du feu & de l'Électricité, l'Électricité ne paffant point en notre fang ; faits déja conteftés par des gens qui avoient par eux-mêmes & des bons outils & la pratique méchanique, dont on a rendu compte dans les Journaux en différents tems, & fucceffivement à Montpellier & ailleurs.

Reprenons quelques Époques qui confirment que cette Électricité médicale eft bien éloignée de la nouveauté.

« V. Dict. de Mathémat. de M. Saverien 1753,
» fur ce mot après coup foudroyant, page 327, »
» j'ajouterai qu'on prétend que l'Électricité guérit
» 1°. les engelures, 2°. qu'elle accélére le tems
» critique des femmes , 3°. qu'elle guérit les Pa-
» ralytiques, 4°. quelle hâte la végétation des
» plantes. Un homme faigné du bras à l'Électricité,
» fon fang jaillit beaucoup plus loin que lorfqu'on
» arrête l'effet électrique , & il reffent des picote-
» mens dans tout fon corps en général, & en par-
« ticulier à l'endroit de la piqûre. M. Jallabert a
» fait cette expérience fur un homme infirme, &
» auquel la faignée avoit été ordonnée ; non feule-
» ment l'Électricité n'accélera point le mouvement

» du fang, mais ce jet baiffa dès le premier moment,
» & le fang continua à couler le long du bras; ce
« font là des prétentions dont je ne fuis point du
» tout garant ; j'avouerai fincérement que pour moi,
» je n'ai jamais pouffé ces expériences avec une
» certaine vivacité, que je n'aye eu le pouls ému &
» un mal de tête pour furcroît de bénéfice.

C'eft en la même année 1753 , qu'a paru auffi
mon Traité du Spectacle du Feu, ou Cours d'Électricité, (qui s'imprimoit en même tems que le
Dict. de Math. de M. Saverien ,) où je démontre
page 123 & fuivantes , & où je prouve que l'Électricité n'eft point médicale, ce que je confirme
par une autre Brochure publiée il y a fix ans, chez
Cailleau, Imprimeur-Libraire, rue Saint-Severin.

M. Saverien , après avoir paffé en revue tous les
Auteurs connus, finit par rapporter le fentiment
de M. Jean Freckc , comme le Syftême le plus
probable; Syftême qui rend le feu garant de tous
les effets de l'Electricité.

C'eft auffi fur ce principe qu'eft fondé notre
marche ; mais fous un ordre méchanique & un
jeu nouveau d'action ou feu principe immatériel,
qui, agiffant fur la matiere, la conftitue par fa
deftruction à changer de forme , à devenir ainfi
le feu matériel , dont la légereré eft extrême vis-à-
vis de l'air fon oppofé; d'où il réfulte que c'eft
cette action immatérielle qui fait par-tout le reffort
& la chûte de l'air perfécuteur; l'unique caufe
de tous les Phénomènes, non feulement Électriques,
mais de toutes nos actions & maladies: caufées donc
par la furcharge & dérangement d'équilibre. En
effet le plus petit coup, la plus petite tumeur, le
déchirement de notre peau, &c. ne font jamais

A iv

que le produit & les effets de l'action plus ou moins violente sous la persécution aëriene ; laquelle s'agrandit & s'entretient aux dépens des parties avoisinantes , & le progrès se fait en mal, comme en l'exemple du bois qui brûle & se consomme ; ainsi la playe devient plus conséquente & corrosive, si on n'y rémedie par l'application des remedes , auxquels il faut avoir recours ; car dès que cette action viciée n'a pas infecté le sang , elle peut être attirée aisément au dehors par les aromates, les alkali,&c. parce que l'athmosphère violente qu'ils forment, écarte alors l'esprit d'air à la circonférence au dehors, & les deux actions ne font plus qu'une athmosphère fermée, où la matiere ainsi dégagée de l'action particuliere qui y étoit fixée, reprend insensiblement sa nourriture , & l'air son équilibre, à mesure que cette athmosphère elle s'échape & se détruit insensiblement.

Il est d'autres cas, où au lieu d'aromates & dessécatifs violens, & fort chers, (sur-tout pour des ulcères, caries, &c.) il est bon d'avoir un baume tempérant, qui par les huiles, la cire, la terébentine, &c. allie une action d'athmosphère plus durable & en état de détruire celle d'action formée & fixée à la playe, &c. pour qu'elle l'emporte tout doucement avec la matiere dépérie, (en donnant le tems à la croissance d'un autre, non viciée,) à la faveur de l'onguent qui en a détruit l'air, lequel a été aussi forcé de prendre son cours au dehors en parvenant de même à son équilibre, par l'anéantissement totale de la premiere action.

Il est constant que dans tous nos maux, c'est la nature qui se rétablit d'elle-même, c'est elle qui fructifie sa tige, & les remedes ne font que

(9)

pour arrêter le progrés des caries, ulceres &c: or il
ne font donc, comme nous l'avons obfervé, que
défendre l'accroiffement extérieur, & attirer à eux
les parties viciées : & ce par le jeu de l'athmofphère,
qu'ils fixent, en renvoyant l'air à la circonférence.

Si cette marche méchanique dévoilée eft égale
pour celui qui n'en veut qu'au fuccès de la drogue
donnée à l'aventure, elle ne fera pas indifférente
pour celui qui aime fuivre & fouiller la nature, &
cela nous fuffit ; nous ne nous étendrons pas
davantage, vu que fur ce principe & fur l'Électricité médicale, il paroît un petit Almanach qui
a pour titre ; *Ingenii Largitor*, qu'on trouve chez
Defnos, Libraire, rue Saint Jacques, nous nous
contenterons d'y renvoyer, d'autant plus qu'on
nous a affuré qu'il dévelope le feu fur nos principes
en nous citant en différens cas, ayant eu le Pro-
pectus de mon Microfcope moderne propofé par
foufcription. Il nous fuffit, pour notre fujet, de
dire comme les autres, que le fait réel de la guérifon prétendue par l'Électricité, n'eft dû qu'au
tourment, au laps de tems, (pendant le quel fouvent
le miracle fe fait, la nature fe rétabliffant, avons-nous
dit, par elle-même,) ainfi qu'à la peur, aux defirs,
à l'enthoufiafme, aux furprifes, &c. tous moyens que
notre méchanique peut opérer très-promptement
pour le foulagement public, & où, au moins,
l'efpérance du fuccès eft fondée & raifonnée ; ce
n'eft en effet que le défaut de connoiffance des principes du feu qui a caufé jufques ici ces erreurs
renouvellées de tems à autre en dfférents pays,
depuis plus de 25 ans. Comment fe peut-il qu'on
foit affez téméraire d'employer pour remede un
agent, dont on ufe qu'en tâtonnant, & qui fi il

paſſoit en nous par l'Électricité, il ſeroit toujours fort à craindre, puiſqu'il nous étoufferoit en extirpant l'air, ſi néceſſaire à notre exiſtence, comme dans la mort de M. Rickman, qui n'a pas été tué par le tonnerre, ce que nous avons démontré par la Lettre que nous avons publiée, lors de cette mort. Si le feu nous laiſſoit des traces moins forcées, elles ſeroient toujours préjudiciables à l'ordre du bon équilibre, neceſſité pour notre méchaniſme.

Comme l'Électricité ne paſſe point en nous, qu'elle ne traverſe pas même la lumiere d'une bougie, &c. non plus qu'un roux n'en reçoit point de ſenſation, (parce qu'étant de la nature des chats preſque Électrique, l'eſprit d'air dominé par l'eſprit de feu ou au moins à peu près en équilibre, le roux prend impunément un écu de 6 liv. &c. ſans aucun contact, donc l'Électricité ne paſſe pas en lui,) & qu'elle n'eſt autre choſe que le produit du frotement, action qui dégage & repouſſe les parties aëriennes environnantes, (cette action immatériel, principe de tout, ne ſe perdant point), elle fait le vuide, le reſſort continuel, qui, pendant que les corpuſcules ſont repouſſées, facilite la rareté de l'athmoſphère d'action ſuivant ſa force, où ſe trouvent les atômes les plus raréfiés & impalpables, ce qui nous a autoriſé à les nommer la matiere électrique, pour ne pas admettre un vuide parfait dans la matiere. Voilà donc l'athmoſphère électrique ; l'action qui n'eſt point matiere, ne pourroit y être compriſe, ſi elle n'étoit le principe de tout, & le contenant de cette athmoſphère qu'elle forme par cette efferveſcence divine répandue par-tout, prête à agir dans tous les coins de la Nature ; ſans quoi ce ſeroit le cahos, la cloche ſans action. Au premier mouvement tout agit, tout marche, c'est là le feu principe; c'est mal à propos qu'on a imaginé qu'il existe une matiere particuliere du feu, qu'on reconnoit ordinairement partout où on voit la flame, & où on sent la chaleur: & qu'on le regarde comme principe, ayant sa matiere distincte, qu'on tient être la plus fluïde & la plus active qui soit &c. tandis que dans le vrai, il n'existe aucune matiere particuliere qui puisse être le feu principe, directement cela ne peut être revoqué en doute; il n y a que le feu principe immatériel, qui, à la faveur de son vuide de matiere, occasionne les chûtes de cette matiere dans les athmosphères d'action; chûtes qui suivies de la persécution aérienne, ne peuvent se faire, qu'en rentrant d'autant dans ladite athmosphère ; & cette action elle comprimée, referée par l'entrée de l'air, & la sortie de cette action ou essence, puissance divine immatérielle, il en suit un décomposé, une trituration subite & violente, qui forme ainsi la chaleur, le feu dans les traces, & au siége de cette action, qui nous donne de cette maniere la couleur, à raison, disons-nous, de la trituration du déchirement & alkalisation des matieres de pores en pores par l'air persécuteur, &c; donc la chaleur, la fluidité, la couleur, ne sont que le produit de cette action qui se passe dans le fluide aérien; ainsi le feu n'est conséquemment point un être, un agent particulier, mais ce produit de l'action du feu principe immatériel. Ce n'est pas là le lieu de nous étendre plus au long, nous ne nous y sommes livrés, que par le desir que nous avons de tirer le rideau physique qui tient fort enchaîné par les anciens préju-

gés & efprits de parti ; les trois quarts, & plus
de l'autre quart des Hommes n'étant pas affez
laborieux pour fe livrer à une étude auffi ftérile ;
étant pour la plûpart livrés à leurs occupations, ils
font forcés de fuivre le Berger qui les mêne: or
quel laps de tems pour former un bon Berger
impartial, & qui fans intérêt n'en veulle qu'à la
vérité ; quoi qu'il en foit, nous ne nous laifferons
pas emporter plus loin par le feu qui nous anime.
Nous terminerons donc cette differtation en rapport
à l'Electricité, par affurer encore fortement nos
Lecteurs que l'athmofphère électrique d'action
eft immatérielle dans fon principe, que cette athmofphère où l'on introduit des corps, l'air qui eft
en leurs pores n'y pouvant garder l'équilibre, tombe
par fon poids dans l'athmofphère, (1) & fa chûte en
fait d'autant fortir la matiere électrique, & une
portion de l'athmofphère d'action j'ufqu'à extinction,
ce qui y produit les effets électriques en nombre;
qui font les égrettes contacts, &c. (2) Et ce par le
foulevement de la maffe aërienne ; comme fi on était
au milieu de la Mer, & que par la force du foufle,
on l'eut enlevé, fupofé, à 10 ou 12 pieds plus ou
moins, & que ce fouffle, cette action s'éclipfe fubite-

---

(1) V. mon Spect. du Feu , page 108 fig. 37.

(2) Dans l'Électricité, l'efprit d'air des pores de la matiere
ne caractérife point fa trace en rouge, & par fa chûte ne
détruit point la matiere, parce qu'ici l'Atmofphère d'action
eft féparée & au dehors de la matiere, au lieu que lors de
fon détriment, cette action eft d'abord portée fur cette matiere
avec une irruption violente qui brife les pores mêmes, & y
établit un fiége d'action qui conferve le vuide dévorant juf-
qu'à ce qu'elle foit détruite, ou qu'elle ait elle-même caufé
la deftruction totale de la matiere, pour enfuite s'échaper.

ment; alors plus la chûte de cette eau foulevée, eſt per-
cuſſive , plus ſa réunion ſe caractériſe avec force
au contact ou point d'unité, où finit l'échapement
de l'action ; & aſſurément, l'eau n'a pas pour cela
paſſé dans l'intérieur de l'agent ; & elle n'y paſſe pas
non plus dans le violent effet de la commotion,
qui ne différe du contact que parce qu'il ſe forme
une ſeconde athmoſphère d'action & feu élemen-
taire principe qui font alors deux étangs. Le canal
qu'on établit de l'un à l'autre, produit deux iſſues
qui ſe reuniſſent dans leurs cours en une ſeule di-
rection de ſortie, pour prendre ſon équilibre des
deux côtés. Cette réunion eſt un choc qui établit le
contre-coup, qui fait la commotion ; faits établis
& démontrés ſenſiblement dans mon traité du feu.
Cette maſſe d'eau, cette maſſe d'air dans le choc
& contre-coup, n'environnant que notre corps,
tels ſoulevés qu'ils ayent été, ils n'entrent donc
point en nous par leur chûte ; mais l'action
violente immatérielle, qui s'échape, ſi dans le contact d'union elle s'attache à quelque matiere, elle y
produit un feu plus ou moins violent,& ſi il ſe trouve
trop étendu, il eſt dans le cas, étant forcé de prendre
cours en nous, de nous brûler, ſuffoquer, &c. de
nous réduire en cendre, comme font les effets du
tonnerre : or voilà le jeu galant qu'on employe
pour remede. Il eſt vrai que nous ſommes perſuadés
de la prudence de ceux qui s'expoſent à conduire
les machines dont ils font uſage, dès qu'ils y vont
ſi doucement ; mais nous dirons en paſſant qu'il eſt
toujours très-dangereux de badiner avec ſes
Maîtres ; auſſi M. ſage, dit-il, page 21 de ſa
ſeconde Édition ſur ſon Alkali Volatil, « qu'on ne
» ſauroit trop ſe mettre en garde contre les vapeurs

» de l'acide nitreux fumant, & il rapporte l'Hiftoire
» arrivée à deux Phyficiens, répétant une expérience
» où cet acide entroit en affez grande quantité,
» au moment où l'un d'eux déboucha un des réci-
» piens, il en fortit une vapeur d'acide nitreux fi
» abondante & fi active, qu'ils reffentirent une
» commotion femblable à celle que produit l'Élec-
» tricité ; ils furent contraints de fe retirer avec
» une fievre confidérable ; & l'un deux a gardé le lit
» plufieurs jours avec la fievre & le tranfport au
» cerveau, ayant encore malheureufement fait
» ufage du vinaigre, au lieu que l'Alkali eut fait
» ceffer le mal prefque fur le champ.

Si nous femblons nous foulever contre les Cures
Électriques, nous n'avons d'autre intérêt que la
vérité, & de prévenir l'abus, afin d'éviter auffi que
d'autres Phyficiens n'y perdent leur tems. Les actes
de bienfaifance du gouvernement fous les ordres de
notre cher Roi, *qui ne compte fes plaifirs que par
fes bienfaits*, n'en font pas moins l'objet de notre
reconnoiffance univerfelle ; & cela ne diminue
rien non plus de la confidération perfonnelle qui
eft due à ceux qui ont le courage de s'occuper de
l'utilité publique. Ils voyent avec leurs yeux, nous
ne pouvons leur en faire un crime ; loin de cela,
on n'entend point flétrir léur lauriers, on compte
les obliger que de les exciter à employer leur tems
plus utilement, en laiffant à des garçons de forces
le foin de tourmenter les gens.

L'on n'entend point exclure ni fouftraire les in-
firmes aux avis & lumieres des gens de l'art, pru-
dens & entendus ; car il eft fur-tout effentiel de
connoître l'origine de toutes les maladies, les faits
& les circonftances, cela difpofe l'efprit à prévoir

de quelle nature eſt l'embarras, ainſi comment on doit y rémedier, il eſt à propos de prendre leur avis dans l'occaſion,& de mettre toujours en uſage dès les premieres attaques, ſur-tout dans l'apoplexie, les effets victorieux de l'air qui ont été employés avec ſuccès par la femme d'un homme tombé en apoplexie, décrits aux avis de l'Étrenne Mignoné de cette année, (1778) en ces termes:

« Un homme ayant été attaqué d'apoplexie, on » lui ouvrit les veines en pluſieurs endroits, ſans » en tirer une goutte de ſang; tous les autres ſecours » uſités, n'eurent également aucun ſuccès; il étoit » ſans reſpiration, ſans pouls & comme mort, » lorſque ſa femme ne ſe déſeſpérant point, le fit » mettre ſur le carreau de la chambre, & lui fit » faire des frictions avec des ſerviettes chaudes. » Ce ſecours fut efficace; au bout de quelques mi» nutes, le ſang commença à couler de tous les » endroits où les veines de l'Apoplectique avoient été » piquées,& bientôt ſa reſpiration revenante à pro» portion, & ſe faiſant d'une maniere plus égale & » moins laborieuſe, le malade reprit ſes ſens, & fut » guéri. »

C'eſt bien ici que la Nature a opéré d'elle-même; cette femme ne ſavoit la conſéquence de faire mettre ſon mari ſur le carreau; elle ignoroit ce que la connoiſſance du feu & de l'air eut dû dicter au Chirurgien, qui eſt que pour rendre l'air à un patient, il faut le déboutonner & l'étendre ainſi ſur le carreau; car ſans cela, l'air qui nous environne, n'entre ni ne force notre athmoſphère intérieure que par l'effet de l'action; de ſorte donc que l'athmoſphère de feu dominante qui coupoit la voie à l'air environant, étant comme concentré, l'air bloqué à la circonférence, ne trouvoit point d'iſſue pour percer & pénétrer. Cette athmoſphère du feu qui s'eſt trouvée au contraire entamée par ſa jonction avec le pavé, parce que l'action d'être poſé ſur le carreau s'eſt faite aux dépens de cette athmoſphère; elle s'eſt ouvert un canal par où l'athmoſphère de ſurcharge a pris cours d'un côté, tandis que les frictions de l'autre côté ont forcé un autre cours ou athmoſphère, qui a retabli la circulation. Voilà la cauſe du ſuccès opéré par le ſoin de cette Phyſicienne par Nature; c'eſt par la même voie que je me guéris ſouvent du mal de tête. Mon athmoſphère engourdie tient l'air languiſſant faute d'avoir ſon libre cours; mais ſi je poſe ma tête ſur le corps d'un pot à l'eau rempli: aux approches de ce corps, ou l'eſprit d'air interieur étoit en tranquilité, auſſitôt cet eſprit d'air agit; cette action & approche deſdits corps n'ayant pu ſe faire ſans rompre l'équilibre, l'eſprit d'air contenue en l'eau & à la matiere du pot, tombe dans l'athmoſphère de chaleur, & en y rentrant remporte d'autant de jets de feu qui échauffent inſenſiblement l'eau; alors ma tête ſe trouve aſſez dégagée pour reprendre mes occupations, à moins que le mal de tête n'ait une cauſe intérieure. Quand j'ai les mains fatiguées, je me ſoulage de même, en les laiſſant tremper dans un pot à l'eau. Souvent j'aſpire ce même air, & je me ſens ſoulagé.

Autre fait particulier qui m'eſt arrivé à Orléans, il y a 38 ans. Il me prit une douleur violente au côté gauche de la tempe, au moment où je ſortois pour aller au Palais j'avois paſſé une partie de la nuit, je fus obligé de rentrer & de me jetter ſur mon lit. Au bout d'un moment, j'eus recours à la

médecine

médecine des pauvres de Madame Fouquet ; & fur
le mot mal de tête migraine, que je crus être mon
mal, il eſt indiqué d'appliquer deſſus une moitié
de grenade ; ce que je fis : à peine y a-t-elle été
un demi quart-d'heure, que cette douleur s'eſt portée
au côté oppoſé ; alors comme j'avois l'autre moitié,
je l'ai fur le champ appliqué de l'autre côté ; &
me battant ainſi avec ma douleur, je l'ai forcé de
quitter priſe, & j'ai retourné au Palais deux heures
après. En ce tems je ne penſois nullement au Méchanique qui s'étoit paſſé pour mon ſoulagement,
je jouiſſois du remede à l'aventure, le jugeant
venir ainſi que mille autres épreuves, dûes au haſard.
Comme nous eſtimons qu'il eſt gracieux d'en connoître la valeur par ſa cauſe, nous avons cru obliger
nos Lecteurs de dire ce que nous en penſons à
preſent. Nous ſavons qu'ayant eu la mémoire &
le génie très-tendu, il s'étoit formé une athmoſ-
phere générale d'action très-ſpiritueuſe fur la
tempe, comme répondant le plus au cerveau,
quoique cela ſans reſſentir poſitivement de douleur ;
mais que l'air ſubit qui s'eſt gliſſé de la rue, (déja
peu ſalubre,) avoit fur le champ reſſerré & con-
traſté cette athmoſphère en une petite portion.
Comme l'air, ou plûtôt l'eſprit d'air contenu en la
grenade étoit fort reſſerré & en conſéquence très-
frais, il a eu la ſupériorité de forcer & repouſſer
cette athmoſphère plus loin fur ſon même pallier,
adhérent toujours à ſon lieu natal ; alors la ſeconde
moitié de grenade n'ayant pu rentrer l'athmoſphère dans l'intérieure, puiſqu'elle étoit à l'extérieur, il a fallu qu'elle creve & cede à la ſupériorité aër enne de la grenade. Nous avons indiqué
ces remed es en 1756 dans notre Relation du ton-

B

nere tombé au port Royal & près de Vaugirard, &c.
page 25, & ils font journellement utiles à beaucoup
de perfonnes.

Combien de fois me fuis-je foulagé & délivré
du poids de l'air par le principe contraire, ayant
des douleurs, qu'on nommoit rhumaticale, dans les
jointures & aux genoux.

Dès qu'on fent une péfanteur fur une partie
quelconque, c'eft une annonce qu'il y a athmofphère
& que la colonne d'air eft comprimée en cette partie,
ce qui fait que nous en fentons la charge. Si l'application des corps frais aëriens & végétaux n'operent
rien, c'eft que nos fibres matériels ont fouffert,
qu'ils font altérés, que les pores en font trop
agrandis, & qu'ils entretiennent dans leur dépérif-
fement cette athmofphère qui nous gene. Si nous
ne pouvons la détruire par l'agitation, les frictions
& remedes qui ne peuvent corriger le vice de la
matière dépérie, notre foibleffe enfin ; tout le
remede eft de former une athmofphère plus forte
avec des flanelles, peaux, dont l'unité étendant
l'athmofphère de chaleur, l'air eft alors plus éloigné;
fon poid devient moins fenfible : & l'on vit encore
tranquilement avec fon infirmité.

J'ai ainfi depuis plus de 25 ans des pièces de fu-
taine, molton, peaux de lièvres pofés aux jointures
des épaules & des genoux, que j'ôte, augmente ou
diminue à raifon de la rigueur de la faifon.

J'ai rapporté dans mes Ouvrages différentes maladies, dont je me fuis retiré par une conduite
aëriene, très-oppofée à l'ordre & à la marche
médicale. V. ma Relation citée page 16.

Employer le feu pour guérir la brûlure, c'eft
par l'effet d'une athmofphère fupérieure qui en

traîne l'autre ; cela paroît diablerie , comme de voir que le fouphre allume le feu & qu'il éteint la chandelle ; les contraftes ne font contraftes que dans l'ordre de les employer : on peut aifement s'y familiarifer.

MÉCHANISME.

Par la Brochure dont nous avons parlé ci-devant contre l'Électricité médicale , qu'il eft utile de reprendre ici en partie, nous y établiffons que la Paralyfie eft fufceptible de guérifon par l'émotion, la crainte, le tourment, la peur, la joie & tous les effets d'un violent enthoufiafme , d'efpérance, de defirs, &c. qui peuvent dégager les petites athmoffphères ou engorgemens qui arrêtent le courant aërien, en interrompant ainfi le jeu de nos fibres & nerfs, dès que la Paralyfie n'eft point formée, c'eft-à-dire tant que les fibres font fufceptibles d'être rétablis, que les racines tiennent au tronc , qu'elles ne font point dépéries, que les branches enfin peuvent reprendre leur fuc nourricier ; ce qui arrivera toujours dans ces cas : ainfi l'on doit agir avec une grande efpérance de fuccès. Or qui peut mieux rappeller la Nature à elle-même, fi ce n'eft des frictions réitérées , un cahotement ménagé par dégrès , qui doit prefque fe faire fans relâche , afin de ne pas laiffer rétrograder le progrès de l'athmofphère d'action, dont l'effet eft de fe retirer fitôt qu'elle ceffe en fe remettant à fon équilibre, *principes d'Électricité inconteftables* & qui prouvent feuls fon inutilité pour les maladies ; & que la guérifon dans ces cas , prend fa caufe d'une de celles indiquées ci-devant, & même de la fatigue feule d'aller & de venir tant de fois avec action & émotion.

Que de milliers d'exemples n'avons-nous pas du progrès de la peur & du tourment continuels envers les malades. La femme Bertin, Vitriere, a guéri son mari de la paralysie en 15 jours, ainsi qu'une quantité d'autres en moins d'un mois, & très peu de tems enfin; parce qu'on les a tourmenté continuellement, qu'on les a forcé à agir, & qu'on les a fait mettre en colere; &c. souvent une mauvaise femme (1) produit un grand bien par son tourment, en dilatant la bile & l'humeur. (2)

Il faut donc en venir là, & on réussira toujours, tant qu'on les frotera fort fréquemment avec de bonnes serges sur les nerfs, qu'on les tourmentera presque sans relâche, qu'on les soutiendra, qu'on les fera trotter, qu'on les violentera avec peur & menace, qu'on les mettra en colere, qu'on les excitera à éternuer, à des vomissemens, &c. ce qu'on fait avec un pinceau qu'on porte à la luette; les effets sont doux.

« J'ai cru utile d'instruire le public, à ce sujet, des bons effets que j'ai vu, & que j'éprouve journellement (sans venir à un vomissement décidé) par la surcharge de flegme & pituite que me fait rendre cet attouchement du pinceau; dès que je me sens en surcharge j'y ai recours, & il n'y a pas jusqu'à mes sourcils qui se pretent à la transpiration que j'essuie des yeux, du nez, de la bouche, par où tout se dégage abondamment, ainsi que de ma tête.

Je connoissois à Montargis un Récolet qui avoit plus de 85 ans, qui faisoit cette manœuvre tous les matins avec l'extrémité d'une plume qu'il s'enfonçoit dans la gorge, il rendoit beaucoup d'eau de

---

(1) S'il est possible qu'il y en ait.

(2) Comme le trouble suprême qu'elle procure est un grand bien.

flegme, & alors il étoit tranquile toute la journée. »

L'indication de ces secours n'exige pas absolument des machines d'apprêt. On sçait que l'industrie dans tous les pays en peut fournir de différentes formes : nous en prévenons nos lecteurs ; nous comptons malgré cela qu'il nous sçauront néanmoins gré de leur avoir tracé un manége méchanique, afin de leur en abreger la recherche, & leur faciliter des idées domestiques ; à la campagne surtout, où on peut trémouffer & cafcader les gens avec le premier meuble, comme une groffe chaife, un fauteuil, un tonneau, un baquet, une charrue, un traîneau ou herfe, &c.

Manége Méchanique pour les Infirmes.

L'Estampe que j'en donne a trois objets : le premier est un efpece de traîneau à fauteuil qui fournira à un infirmé des cafcades cahotantes pendant toute fa courfe.

Le fecond est une machine à deux leviers pour porter au malade des contacts, des coups commotionaux fncceffifs fans crainte, d'autant plus qu'ils peuvent fe prendre avec des coufinets ou petits balons d'ajuftage, & ce à tel dégré d'action & de percuffion que l'on verra propre à l'état du malade & au progrès.

Le troifieme est une roue de Grüe, &c. où un homme peut être attaché par des courois ou cordons, &c. (qu'on ne ferrera que foiblement pour foutenir fans gêner) où il fera tourné ainfi de bas en haut, ce qui produira une nouvelle Athmofphère de rotation, avec une détention dans fes meubles, qui fe fera par les petits rouleaux extérieurs de la roue, (diftanciés de 3 à 4 pouces) contre lefquels une forte late à ardoife arrêtée folidement à la traverfe du bas où elle s'adaptera lorfqu'on voudra , viendra fucceffivement cliqueter, comme un cliquet de nos ténébres.

L'arbre de cette même roue a une prolongation qui va au delà de la charpente , & il mene une petite roue dentée fervant à faire mouvoir & cafcader une felle fimple, ou une à fauteuil, avec les enlévemens prefque d'un cheval qui fe cabre(en tant que felle fim-ple, il faudroit alors l'enfiler dans les flancs de la felle pour le mieux, où doit être un canon qui y tienne fixe au moins pour la moitié , car l'autre doit s'ajufter ; à vis, pour ferrer, ôter & mettre.) Il doit y avoir à cette felle des dents qui s'y ajuftent ; fi on les met droites à la felle, celles de la roue fortiront d'équerre , & feront efpacées de façon qu'on puif-fe par différents trous les ferrer ou approcher, pour qu'elles prennent plus ou moins d'engrénage, & ainfi faffent faire la manœuvre qu'on voudra &c.

Il y a des anneaux aux felles & fauteuils pour retenir l'infirme ; on peut adapter d'autres cordons & fufpenfions, fi le cas y échoit.

Ainfi par méchanique, on peut caufer des fur-prifes faififfantes , en difpofant le fauteuil à recevoir un choc en haut qui reffemble à un brifement & culbute ; on peut encore avoir une autre fois des pétards &c. à qui on mette adroitement le feu ; un bruit fubit de guerre avec plufieurs tambours, &c. des fractures & des éboulemens de tonneaux &c.

Détail des trois Machines par cotte.

La premiere A eft compofé d'un fauteuil B , por-tant le canon C , formé en deux parties pour fe démonter & tenir par des joues au fauteuil, & avec l'autre partie embraffer , ou faire entrer la corde

D , tenue au treuil ou moulinet E par le bas , arrêtée en haut , à la traverfe G ; tenue , elle a deux bons pitons folides par fes deux crochets H. Le tuyau G a deux oreilles folides où prend la corde I , paffant en fuite par la poulie fuperieure , fert à agiter & faire toute la manœuvre. Il y a au fauteuil deux rouleaux faillants, qui doivent porter fur les chapelets K, arrêtés à la traverfe & au moulinet ; les cordes de ces chapelets feront fufceptibles de plus ou moins de pente , & même pouront être ajuftées prefque horizontalement, pour faire troter avec felle ou fauteuil.

La feconde cottée A A dans ces deux léviers qui ont à leur extrémité les batons B B , tirés & lâches par la main C C ; (on a des boutons plus ou moins doux , & plus ou moins forts ; enfin des balons d'ajuftages, proportionnés aux parties que l'on veut trémouffer actioner.) Si c'eft par commotion & contre-coup , il faut que les deux léviers agiffent à la fois en fens opofé , ou vis-à-vis. Si on veut la fimple percuffion , on ne fait ufage que d'un.

Nota. Les léviers n'ont ici aucune monture , on les fuppofe fichés le long d'une cloifon folide où ils font tenus par une longe broche , à fuffire pour avoir entre le mur & les léviers un rouleau qui opere une faillie fuffifante pour pouvoir placer le malade ; du refte , il eft fort aifé de faire un bâtis fimple qui les affujétiffe folidement à l'endroit défiré.

La troifieme cottée *a* , eft la grande roue pour produire une agitation circulaire plus ou moins violente; on n'ira point au dégré d'oter trop d'air par une rotation forcée ; *x* eft l'arbre de la manivelle qui porte la roue d'engrénage pour la felle ou fauteuil, *y* eft le cliquet.

F I N.

APPROBATION.

J'AI lu par ordre de Mgr. le Garde des Sceaux, un manuscrit de M. RABIQUEAU, dans lequel il propose une Machine pour trémousser les Malades en certains cas; je ne vois aucun inconvénient à ce qu'on en permette l'impression. A Paris ce 27 Janvier 1778, *signé* LOUIS, Censeur Royal.

PERMISSION DU SCEAU.

LOUIS, PAR LA GRACE DE DIEU, ROI DE FRANCE ET DE NAVARRE; A nos amés & féaux Conseillers, &c. SALUT. Notre amé le Sieur RABIQUEAU, Nous a fait exposer qu'il desireroit faire imprimer & donner au Public un Ouvrage intitulé: *Nouveau Manége Méchanique, pour trémousser les Malades dans le cas de Paralysie* &c. s'il Nous plaisoit lui accorder nos Lettres de Priviléges pour ce nécessaires: A ces causes, voulant favorablement traiter l'Exposant, Nous lui avons permis & permettons par ces présentes, de faire imprimer ledit Ouvrage autant de fois que bon lui semblera, & de le faire vendre & débiter par tout notre Royaume, pendant le tems de six années consécutives, à compter du jour de la date des Présentes. FAISONS défenses à tous Imprimeurs Libraires, & autres personnes, de quelque qualité & condition qu'elles soient, d'en introduire d'impression étrangere dans aucun lieu de notre obéissance. A la charge que ces présentes seront enregistrées tout au long sur le Registre de la Communauté des Imprimeurs & Libraires de Paris, dans trois mois de la date d'icelles, que l'impression dudit Ouvrage sera faite dans notre Royaume, & non ailleurs, en bon papier & beaux caractères; que l'Impétrant se conformera en tout aux Réglemens de la Librairie, & notamment à celui du 10 Avril 1725, à peine de déchéance de la présente Permission: qu'avant de l'exposer en vente, le manuscrit qui aura servi de copie à l'impression dudit Ouvrage, sera remis dans le même état où l'approbation y aura été donnée, es mains de notre très-cher & féal Chevalier, Garde-des-Sceaux de France, le Sieur HUE DE MIROMÉNIL; qu'il en sera ensuite remis deux Exemplaires dans notre Bibliothèque publique, un dans celle de notre Château du Louvre, un dans celle de notre très-cher & féal Chevalier, Chancelier de France, le sieur de MAUPEOU, & un dans celle dudit sieur HUE DE MIROMÉNIL, le tout à peine de nullité des présentes. Du contenu desquelles vous mandons & enjoignons de faire jouir ledit Exposant & ses ayant cause, pleinement & paisiblement, sans souffrir qu'il lui soit fait aucun trouble ou empêchement, &c. DONNÉ à Paris, le onzième jour du mois de Mars l'an de grâce mil sept cent soixante-dix-huit, & de notre règne le quatrième. Par le Roi en son Conseil LEBEGUE,

Registré sur le Registre XX de la Chambre Royale & Syndicale des Libraires & Imprimeurs de Paris, &c. A Paris, ce 14 Février 1778.

A. M. LOTTIN l'aîné, *Syndic.*

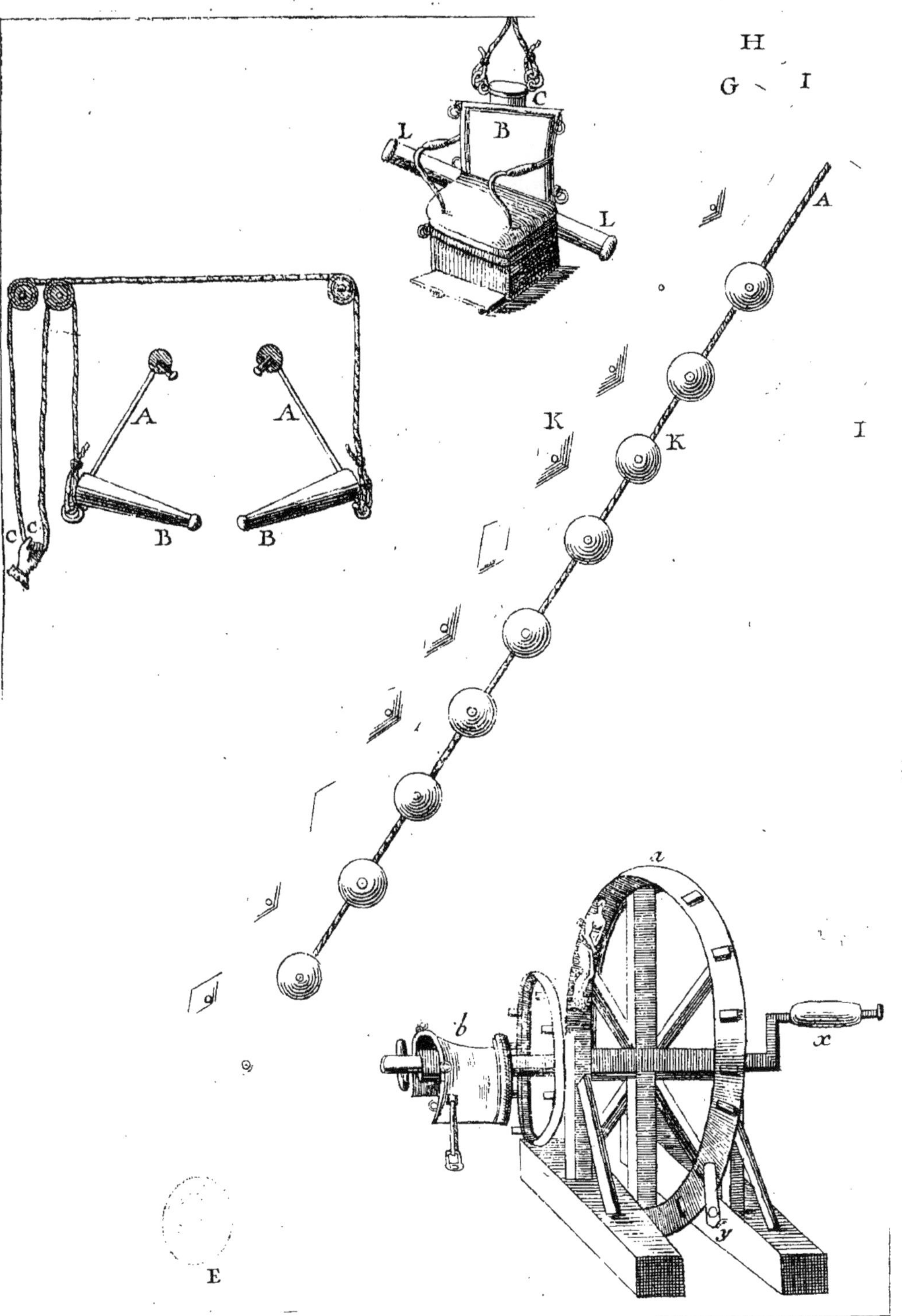

H
G I
C
B
L
L
A
I
K
K
A
A
B
B
C C
E
a
b
x
y

www.ingramcontent.com/pod-product-compliance
Ingram Content Group UK Ltd.
Pitfield, Milton Keynes, MK11 3LW, UK
UKHW021045120726
13693UKWH00006B/2436